AF454061

FIGURES

GÉOMÉTRIQUES.

TRAITÉ DE MINÉRALOGIE,

PAR LE C^{EN}. HAÜY,

Membre de l'Institut National des Sciences et Arts, et Conservateur
des Collections Minéralogiques de l'École des Mines.

PUBLIÉ PAR LE CONSEIL DES MINES.

TOME CINQUIÈME.

*Caractères Minéralogiques. Distribution méthodique des Minéraux.
Figures Géométriques.*

A PARIS,

CHEZ LOUIS, LIBRAIRE, RUE DE SAVOYE, N°. 12.
(x) 1801.

DISTRIBUTION MÉTHODIQUE

DES MINÉRAUX,

PAR CLASSES, ORDRES, GENRES ET ESPÈCES.

PREMIÈRE CLASSE.

Substances acidifères composées d'un acide uni à une terre ou à un alcali, et quelquefois à l'un et à l'autre.

PREMIER ORDRE.

Substances acidifères terreuses.

PREMIER GENRE.

CHAUX.

Première espèce.

Chaux carbonatée.

APPENDICE.

Chaux carbonatée unie à différentes substances, de manière à conserver sa structure, ou quelqu'autre de ses principaux caractères.

1. Chaux carbonatée aluminifère.
2. Chaux carbonatée ferrifère.
3. Chaux carbonatée quartzifère.
4. Chaux carbonatée magnésifère.
5. Chaux carbonatée fétide.
6. Chaux carbonatée bituminifère.

Seconde espèce.

Chaux phosphatée.

Troisième espèce.

Chaux fluatée.

Quatrième espèce.

Chaux sulfatée.

Cinquième espèce.

Chaux nitratée.

Sixième espèce.

Chaux arseniatée.

SECOND GENRE.

BARYTE.

Première espèce.

Baryte sulfatée.

Seconde espèce.

Baryte carbonatée.

A.

TROISIÈME GENRE.

STRONTIANE.

Première espèce.

Strontiane sulfatée.

Seconde espèce.

Strontiane carbonatée.

QUATRIÈME GENRE.

MAGNÉSIE.

Première espèce.

Magnésie sulfatée.

Seconde espèce.

Magnésie boratée.

SECOND ORDRE.

Substances acidifères alkalines.

PREMIER GENRE.

POTASSE.

Espèce unique.

Potasse nitratée.

SECOND GENRE.

SOUDE.

Première espèce.

Soude muriatée. .

Seconde espèce.

Soude boratée.

Troisième espèce.

Soude carbonatée.

TROISIÈME GENRE.

AMMONIAQUE.

Espèce unique.

Ammoniaque muriaté.

TROISIÈME ORDRE.

Substances acidifères alkalino-terreuses.

GENRE UNIQUE.

ALUMINE.

Première espèce.

Alumine sulfatée alkaline.

Seconde espèce.

Alumine fluatée alkaline.

SECONDE CLASSE.

Substances terreuses, dans la composition desquelles il n'entre que des terres, unies quelquefois avec un alkali.

Première espèce.

QUARTZ.

Quartz-hyalin.

Quartz-agathe.

Quartz-résinite.

Quartz-jaspe.

Quartz-pseudomorphique.

Seconde espèce.

Zircon.

Troisième espèce.

Télésie.

Quatrième espèce.
Cymophane.

Cinquième espèce.
Spinelle.

Sixième espèce.
Topaze.

Septième espèce.
Emeraude.

Huitième espèce.
Euclase.

Neuvième espèce.
Grenat.

Dixième espèce.
Amphigène.

Onzième espèce.
Idocrase.

Douzième espèce.
Meïonite.

Treizième espèce.
Feld-spath.

Quatorzième espèce.
Corindon.

Quinzième espèce.
Pléonaste.

Seizième espèce.
Axinite.

Dix-septième espèce.
Tourmaline.

Dix-huitième espèce.
Amphibole.

Dix-neuvième espèce.
Actinote.

Vingtième espèce.
Pyroxène.

Vingt et unième espèce.
Staurotide.

Vingt-deuxième espèce.
Epidote.

Vingt-troisième espèce.
Sphène.

Vingt-quatrième espèce.
Wernerite.

Vingt-cinquième espèce.
Diallage.

Vingt-sixième espèce.
Anatase.

Vingt-septième espèce.
Dioptase.

Vingt-huitième espèce.
Gadolinite.

Vingt-neuvième espèce.
Lazulite.

Trentième espèce.
Mésotype.

Trente et unième espèce.
Stilbite.

Trente-deuxième espèce.
Prehnite.

Trente-troisième espèce.
Chabasie.

Trente-quatrième espèce.
Analcime.

Trente-cinquième espèce.
Népheline.

Trente-sixième espèce.
Harmotome.

Trente-septième espèce.
Péridot.

Trente-huitième espèce.
Mica.

Trente-neuvième espèce.
Disthène.

Quarantième espèce.
Grammatite.

Quarante et unième espèce.
Pycnite.

Quarante-deuxième espèce.
Dipyre.

Quarante-troisième espèce.
Asbeste.

Quarante-quatrième espèce.
Talc.

Quarante-cinquième espèce.
Macle.

TROISIÈME CLASSE.

Substances combustibles non métalliques.

PREMIER ORDRE.

SIMPLES.

Première espèce.
Soufre.

Seconde espèce.
Diamant.

Troisième espèce.
Anthracite.

SECOND ORDRE.

COMPOSÉES.

Première espèce.
Bitume.

Seconde espèce.
Houille.

Troisième espèce.
Jayet.

Quatrième espèce.
Succin.

Cinquième espèce.
Mellite.

QUATRIÈME CLASSE.

Substances métalliques.

PREMIER ORDRE.

Non oxydables immédiatement, si ce n'est à un feu très-violent, et réductibles immédiatement.

PREMIER GENRE.

PLATINE.

Espèce unique.
Platine natif (ferrifère).

SECOND GENRE.

OR.

Espèce unique.
Or natif.

TROISIÈME GENRE.

ARGENT.

Première espèce.

Argent natif.

Seconde espèce.

Argent antimonial.

Troisième espèce.

Argent sulfuré.

Quatrième espèce.

Argent antimonié sulfuré.

Cinquième espèce.

Argent muriaté.

SECOND ORDRE.

Oxydables et réductibles immédiatement.

GENRE UNIQUE.

MERCURE.

Première espèce.

Mercure natif.

Seconde espèce.

Mercure argental.

Troisième espèce.

Mercure sulfuré.

Quatrième espèce.

Mercure muriaté.

TROISIÈME ORDRE.

Oxydables, mais non réductibles immédiatement.

SENSIBLEMENT DUCTILES.

PREMIER GENRE.

PLOMB.

Première espèce.

Plomb natif (volcanique).

Seconde espèce.

Plomb sulfuré.

Troisième espèce.

Plomb arsenié.

Quatrième espèce.

Plomb chromaté.

Cinquième espèce.

Plomb carbonaté.

Sixième espèce.

Plomb phosphaté.

Septième espèce.

Plomb molybdaté.

Huitième espèce.

Plomb sulfaté.

SECOND GENRE.

NICKEL.

Première espèce.

Nickel arsenical.

Seconde espèce.

Nickel oxydé.

TROISIÈME GENRE.

CUIVRE.

Première espèce.
Cuivre natif.

Seconde espèce.
Cuivre pyriteux.

Troisième espèce.
Cuivre gris.

Quatrième espèce.
Cuivre sulfuré.

Cinquième espèce.
Cuivre oxydé rouge.

Sixième espèce.
Cuivre muriaté.

Septième espèce.
Cuivre carbonaté bleu.

Huitième espèce.
Cuivre carbonaté vert.

Neuvième espèce.
Cuivre arseniaté.

Dixième espèce.
Cuivre sulfaté.

QUATRIÈME GENRE.

FER.

Première espèce.
Fer oxydulé.

Seconde espèce.
Fer oligiste.

Troisième espèce.
Fer arsenical.

Quatrième espèce.
Fer sulfuré.

Cinquième espèce.
Fer carburé.

Sixième espèce.
Fer oxydé.

Septième espèce.
Fer azuré.

Huitième espèce.
Fer sulfaté.

Neuvième espèce.
Fer chromaté.

CINQUIÈME GENRE.

ETAIN.

Première espèce.
Etain oxydé.

Seconde espèce.
Etain sulfuré.

SIXIÈME GENRE.

ZINC.

Première espèce.
Zinc oxydé.

Seconde espèce.
Zinc sulfuré.

Troisième espèce.
Zinc sulfaté.

NON DUCTILES.

SEPTIÈME GENRE.

BISMUTH.

Première espèce.
Bismuth natif.
Seconde espèce.
Bismuth sulfuré.
Troisième espèce.
Bismuth oxydé.

HUITIÈME GENRE.

COBALT.

Première espèce.
Cobalt arsenical.
Seconde espèce.
Cobalt gris.
Troisième espèce.
Cobalt oxydé noir.
Quatrième espèce.
Cobalt arseniaté.

NEUVIÈME GENRE.

ARSENIC.

Première espèce.
Arsenic natif.
Seconde espèce.
Arsenic oxydé.
Troisième espèce.
Arsenic sulfuré.
1. Arsenic sulfuré rouge.
2. Arsenic sulfuré jaune.

DIXIÈME GENRE.

MANGANÈSE.

Espèce unique.
Manganèse oxydé.

ONZIÈME GENRE.

ANTIMOINE.

Première espèce.
Antimoine natif.
Seconde espèce.
Antimoine sulfuré.
Troisième espèce.
Antimoine oxydé.
Quatrième espèce.
Antimoine hydrosulfuré.

DOUZIÈME GENRE.

URANE.

Première espèce.
Urane oxydulé.
Seconde espèce.
Urane oxydé.

TREIZIÈME GENRE.

MOLYBDÈNE.

Espèce unique.
Molybdène sulfuré.

QUATORZIÈME GENRE.

TITANE.

Première espèce.
Titane oxydé.

Seconde espèce.

Titane siliceo-calcaire.

QUINZIÈME GENRE.

SCHÉELIN.

Première espèce.

Schéelin ferruginé.

Seconde espèce.

Schéelin calcaire.

SEIZIÈME GENRE.

TELLURE.

Espèce unique.

Tellure natif (uni à différens métaux).

DIX-SEPTIÈME GENRE.

CHROME.

PREMIER APPENDICE.

Substances dont la nature n'est pas encore assez connue, pour permettre de leur assigner des places dans la méthode.

1. Amianthoïde.
2. Aplome.
3. Arragonite.
4. Chaux sulfatée anhydre.
5. Chaux sulfatée quartzifère.
6. Coccolithe.
7. Diaspore.
8. Ecume de terre.
9. Emeraude de France ?
10. Feld-spath apyre ?

11. Jade.
12. Koupholithe.
13. Lépidolithe.
14. Madréporite.
15. Malacolithe.
16. Micarelle.
17. Petrosilex.
18. Scapolite.
19. Spath chatoyant.
20. Spath schisteux.
21. Spinthère.
22. Tourmaline apyre ?
23. Triphane.
24. Zéolithe efflorescente.
25. Zéolithe radiée jaunâtre.
26. Zéolithe rouge d'Ædelfors.

SECOND APPENDICE.

Agrégats de différentes substances minérales.

PREMIER ORDRE.

Agrégats que l'on regarde comme étant de première formation, et qui portent plus particulièrement le nom de roches.

1. Roche feld-spathique.
2. Roche quartzeuse.
3. Roche amphibolique.
4. Roche micacée.
5. Roche talqueuse.
6. Roche calcaire.
7. Roche jadienne.
8. Roche petrosiliceuse.
9. Roche cornéenne.

10. Roche

10. Roche serpentineuse.
11. Roche argileuse.

SECOND ORDRE.

Agrégats qui sont généralement regardés comme étant de seconde ou de troisième formation, et qui paroissent devoir leur naissance à des sédimens, et leur dureté au desséchement.

I. ARGILE.

1. Argile glaise.
2. Argile smectique.
3. Argile lithomarge.
4. Argile ocreuse.
5. Argile schisteuse.

II. ARGILE CALCARIFÈRE ou MARNE.

III. CALCAIRE POLISSABLE ARGILO-FERRIFÈRE ou MARBRE SECONDAIRE.

IV. CHAUX SULFATÉE CALCARIFÈRE, vulgairement *pierre à plâtre.*

TROISIÈME ORDRE.

Agrégats composés de fragmens ou de débris, agglutinés postérieurement à la formation des substances auxquelles ils ont appartenu.

I. QUARTZ-AGATHE BRÈCHE.
II. CALCAIRE BRÈCHE.
III. QUARTZ ARÉNACÉ AGGLUTINÉ ou GRÈS.
IV. QUARTZ ALUMINIFÈRE TRIPOLÉEN; *Tripoli.*

V. GRANITE RECOMPOSÉ, vulgairement *grès des houillères.*

TROISIÈME APPENDICE.

Produits des Volcans.

PREMIÈRE CLASSE.

LAVES.

Matières qui ont éprouvé la fluidité ignée.

PREMIER ORDRE.

Laves lithoïdes, c'est-à-dire, ayant l'apparence d'une pierre.

PREMIER GENRE.

LAVES LITHOÏDES BASALTIQUES.

SECOND GENRE.

LAVES LITHOÏDES PETROSILICEUSES.

TROISIÈME GENRE.

LAVES LITHOÏDES FELD-SPATHIQUES.

QUATRIÈME GENRE.

LAVES LITHOÏDES AMPHIGÉNIQUES.

SECOND ORDRE.

Laves vitreuses; ayant plus ou moins l'apparence d'une matière vitrifiée.

1. Lave vitreuse obsidienne.
2. Lave vitreuse émaillée.
3. Lave vitreuse perlée.
4. Lave vitreuse pumicée.
5. Lave vitreuse capillaire.

B

TROISIÈME ORDRE.

Laves scorifiées ; ayant plus ou moins de rapport , par leur aspect , avec les scories des forges.

SECONDE CLASSE.

THERMANTIDES.

Matières qui n'offrent que des indices de cuisson.

1. Thermantide cimentaire.
2. Thermantide tripoléenne.
3. Thermantide pulvérulente.

TROISIÈME CLASSE.

PRODUITS DE LA SUBLIMATION.

1. Soufre.
2. Ammoniaque muriaté.
3. Arsenic sulfuré.
4. Fer oligiste , etc.

QUATRIÈME CLASSE.

LAVES ALTÉRÉES.

Laves qui ont subi une décomposition plus ou moins avancée , par l'ffet des vapeurs acido-sulfureuses , ou des vicissitudes de l'atmosphère.

Lave altérée alunifère. *Pierre alumineuse de la Tolfa.*

CINQUIÈME CLASSE.

TUFS VOLCANIQUES.

Produits des éruptions boueuses , empâtemens et agglutinations par la voie humide.

SIXIÈME CLASSE.

Substances qui ont été formées dans l'intérieur des laves , postérieurement à l'époque où celles-ci ont coulé.

1. Mésotype.
2. Analcime.
3. Stilbite.
4. Chabasie.
5. Chaux carbonatée.
6. Fer sulfuré, etc.

SUBSTANCES qui ont été modifiées par la chaleur des feux souterrains non volcaniques.

1. Thermantide (non volcanique) porcellanite.
2. Thermantide (non volcanique) tripoléenne.